罗克数学荒岛6 历险记

魔鬼体能测试

达力动漫 著
DALI ANIMATION

U0191707

SPM
南方出版传媒

全国优秀出版社
全国百佳图书出版单位

广东教育出版社

·广 州·

目录

100道数学题

魔鬼体能测试

100道
数学题

作业太少，校长不高兴了

六月的天空，不见一片云彩。小鸟在树上打盹，老大爷们躲在公园的树荫下乘凉。

下午四点半，太阳还高挂在天空中，放学时间就已经到了。班主任在讲台上整理课件，同时向大家挥手告别："同学们，别忘记做作业了！"

今天作业不算很多，如果学习用心的话，大概花一个小时就能做完。像罗克这样成绩拔尖的恐怕半个小时都不用。因而同学们的心情一片大好。

罗克收拾好自己的书包正准备走的时

候，小强怯生生地走过来，扭扭捏捏的，似乎有话想说。

没等小强开口，罗克就已经知道他想要说什么了，于是干脆先开口说："小强，今天的作业很简单，你要靠自己才能进步啊。"

小强被说中心事，满脸通红，只好戳着手指，小声说道："可……可我还是没听懂老师讲的，罗克你就教教我嘛……"

花花背着小书包凑上来，一脸得意地看着小强说："这么简单都不会，小强你真不愧是倒数第一啊！"

这时依依走过来："倒数第二有什么脸说这话？"

面对依依的嘲讽，花花的脑门像是要冒火一般。眼见两人就要动手打起来，罗克连忙站起来将两人分开，不然肯定没完没了。

就在同学们准备走出教室的时候，门口走来一个个子矮矮的老头。他光秃秃的头顶

周围长着一圈炸开的白发，来的正是校长。看到校长放学了还出现在教室，班主任有点惊讶，心想：校长不是不干活的吗？怎么有空来教室了？

校长背着手，昂着头问班主任："给学生布置作业了没有啊？"

班主任点点头："布置了，足足有三道题，保证都是我精挑细选，不仅能够帮助学生巩固知识点，而且可以预习后面内容的题目！"

听完班主任的话，校长额头冒青筋，明显一副生气动怒的样子。他背手走到讲台

上，准备训斥学生，却发现自己比讲桌矮，于是爬到了椅子上，说："同学们，大家听好了！为了提高你们的学习成绩，我有一个计划，希望大家听一下。"

学生们的第一反应是：校长又在搞什么鬼？尤其是罗克，他预感校长肯定又要出什么鬼主意。这时班主任也停下脚步看着校长，想听听校长要说什么。只见校长咳嗽两声，开始说他的"提高学生学习成绩"的计划。

校长说："我决定每天免费给大家出100道数学题，你们要好好学习，不要辜负我的好意。至于感谢我的话，那就不用说了！"

"100道数学题！""每天！"大家听到这个如晴天霹雳般的消息，感觉都要窒息了，而校长的形象在这一刻也彻底变成了魔鬼。同学们纷纷抗议、诉苦，甚至哭泣。就连班主任也皱了皱眉头："校长，100道会

不会太多了……"

"闭嘴！全校成绩最差的几个学生就在你们班，你这样下去是害了他们。为了学生，我必须采取强硬措施。"班主任被校长训斥一顿，也不敢再说什么，只好叹了口气，拿着自己的书离开了。走到门口的时候，班主任回头向学生投去了同情的目光。

看到班主任离开，校长冷哼一声，小声嘀咕道："哼，我小时候那么多作业，如果不给这些家伙布置同样多的作业，我心理不平衡。学生作业少，我就很生气。"

校长的这些话被耳朵很尖的罗克听到了，他大喊："哇！原来是这样！"

 **工程问题**

完成某件事，某项任务，都会涉及工作量、工作效率、工作时间这三个量，它们之间的基本关系是：

工作量=工作效率×工作时间

一般来说，我们会将题目给的工作量设定为"1"，然后利用上述公式计算工作效率。

例 题

校长布置100道题，罗克单独做要2小时，小强自己完成要8小时。现在罗克和小强同时做，小强从第1题开始往后做，罗克从最后一题往前做。两人合作完成这100道题后去踢足球。请问多久后他们能去踢足球？

解法1：

罗克每小时做题的数量为：$100÷2=50$（题）

小强每小时做题的数量为：$100÷8=12.5$（题）

两个人合作完成时间：$100÷（50+12.5）=1.6$（时）

解法2：

把100道题看作单位"1"，罗克每小时完成 $\dfrac{1}{2}$，

小强每小时完成 $\dfrac{1}{8}$，则 $1÷\left(\dfrac{1}{2}+\dfrac{1}{8}\right)=\dfrac{8}{5}=1.6$（时）。

牛刀小试

校长布置若干道题，依依单独做要花4小时，花花单独完成要5小时。现在依依先做了2小时，余下的题目由花花单独完成，花花需要多久才能做完剩余的题目？

决定命运的答案

校长依然脸不红心不跳，镇定地对大家说："我这是为你们好。正是因为我做了那么多作业，才成为博士，而且我说的是实话，全校成绩最差的几个学生确实在你们班。"

大家的目光不由自主地投向了小强，小强立刻羞愧得躲在桌子后面。然后大家又看了看花花，花花

满不在乎地抱着手臂，像是她并不在全校成绩最差的几个学生之列一样。最后大家又看了看小胖，此时的小胖正大口大口地吃鸡腿。大家顿时明白了，校长说的恐怕是真的。

依依仍是有些不服气，站起来对校长说："那也不能这么对待我们啊！"

校长笑呵呵地看着学生们，表示给他们一个机会。只要能答对一道题目，大家就可以不用每天做100道题。大家的目光瞬间投向罗克。

这时校长赶紧提出了新的要求："只能让成绩最差的三个人回答！不过放心，我不会出太难的题目，保证是你们已经学过的。如果这样三个人还答不出来，那就真的只能怪你们自己了。"校长说得合情合理，同学们竟找不到反驳的理由，只好看着小强、花花、小胖三人，希望他们能争口气。

校长见大家都没有了异议，心中冷笑：你们这些小屁孩，拿什么跟我斗！我要让你

们把对我的恨，转移到这几个答不出题目的同学身上。

同学们还不知道校长的险恶用心，纷纷给三人打气。面对这种情况，连花花都不知如何是好，可小胖还在旁若无人地吃着他的鸡腿。

这时校长给出了题目：把一根木头锯成3段，要锯几次？如果每锯1次用3分钟，一共要锯多少分钟？

听完题目，就连平时知识掌握不太牢的同学都觉得很简单，于是大家松了口气。罗克心想：这么简单的题目，三个人中总会有人做得出来吧。没想到这次校长居然真的没有骗他们，题目确实很简单。

校长又提醒道："其他人不许告诉他们答案，一分钟内只要小强、花花、小胖三人中有一人能做出来，我就不再让你们每天做100道题目。否则，就不要怪我了！"

同学们纷纷点头，要是连这道题目都做不出来，那每天做100道题目一点也不冤。大家把期待的目光放到三人身上，而他们看到了一幅什么情景呢？

花花当场愣住了，手里拿着花一动不动，连眼都不眨，仿佛一根木头。小胖像是完全不知道发生了什么，自顾自地吃着鸡腿，好像整件事跟他没关系一样。同学们一脸无奈，但还心存希望，小强虽然平时胆小，关键时候肯定能站出来。小强，你一定可以的！

咦？小强人呢？小强竟然不见了。罗克俯身朝桌底看去，发现小强抱着头躲在课桌底下发抖。

大家顿时慌了，这三人的状态怎么做

题？依依冲到小强面前，将他整个人提了起来："小强，快答题啊！"

小强畏畏缩缩地看了一眼四周的同学，缩着脖子指着花花说："花花成绩比我好……让她来回答。"

花花听后瞬间从呆滞状态中清醒过来，拿着花瓣开始撕起来，说："哼，做就做，等我撕完花瓣就可以了。"

依依冲过去抢走花花的花瓣，说："别撕了！"

花花傲然抬起头，抱着手臂说："哼，要不是我撕花瓣，可能倒数第一的就是我了！"

这有什么好骄傲的？罗克有些无奈，感觉靠这两人已经是不可能的了，那就只剩一个人了。而这个人肯定会为大局考虑，用他那平时只想着食物的头脑计算出这道题目的答案。小胖啊！靠你了！

"鸡腿儿——鸡腿儿——你真香——"

小胖不光没停下嘴，甚至哼起了歌来。

好吧，放弃。罗克重重叹了口气。这时时间已经过去了50秒，校长在讲台上笑嘻嘻的，一边笑一边抖着身子，极其得意。

时间来不及了，再不答就没有一丝希望了。于是罗克随口喊了喊小强："小强，快！把答案说出来啊！"

小强的耳边传来此起彼伏的声音，有催促他答题的，有让他随便说一个答案的，有让他一定要做对的，还有说"全靠你了"的。小强听得脑子里乱糟糟的，像是脑袋要炸开了一般。而此时校长开始数倒计时："三——二——"

"总……总共要锯3次……"小强开口说出了决定全班命运的答案，"需要……需要20分钟……"

一时间教室里安静下来，所有人的目光都聚集在了小强身上，每个人脸上浮现出不同的神情，有不甘，有讥讽，有嘲笑，有愤怒……罗克感到深深的无奈，悄然叹了口气。唯独校长大笑了起来。

小强一脸迷茫：答错了呢，还是答对了？看大家的样子……我是答错了吧？小强忍不住掉下眼泪来。

"哈哈哈，答错了！从现在开始，每人每天做100道数学题！"校长说完走到小强身边，拍了拍他的肩膀，说："是不是很不甘心？没关系，只要每天做好100道数学题，你就能变成成绩好的学生，到时候，让这些笑话你的人再也笑不出来。"

校长又环视一圈，大喊："有谁给小强讲解一下这道简单的数学题该怎么做啊！"

"简单"两个字，校长咬得格外重，似乎在特意强调这是一道简单的数学题，这让小强更加觉得对不起大家。

教室里的气氛有些沉重，谁也不愿意开口说话，大家都装作不知道的样子坐在原位一动不动。过了一会儿，依依正准备站起来

说的时候，罗克率先开口解答。

"要把一根木头锯成3段，只需要锯2次，而每锯1次用3分钟，那么一共就需要3+3=6（分）。"

要锯的段数	要锯的次数	每锯1次的时间/分钟	一共需要的时间/分钟
2	1	3	1×3=3
3	2	3	2×3=6

如此简单的题目，三个人居然都没有答出来，大家又是一阵沉默。

罗克走到小强身边说："小强，我每天陪你把100道题做完，成绩肯定会进步的。"

小强看了罗克一眼，并没有回答。从这一眼中，罗克读到了绝望和无助。原本这是一双充满灵气的眼睛，现在却仿佛一潭死水。罗克心中"咯噔"一下，感觉像是中了什么陷阱。再看校长，他已经走到课室门口，回头露出阴森的笑容，说："我去把

100道数学题拿来，记得要做完啊！明天上学我在校门口检查！"

罗克看着校长的背影，不禁陷入了沉思。

就这样，原本愉快的放学时间，因为校长布置的任务，大家都闷闷不乐地各自回家。

植树问题

　　这一故事环节涉及数学知识中的"植树问题"。植树问题是生活中常见的数学问题。为使其更直观，树用点来表示，植树的路线用线来表示。这样就把植树问题转化为一条非封闭或封闭的线上的"点数"与相邻两点间的线的"段数"之间的关系问题。

一、不封闭植树

　　1．两端都植：点数=段数+1

　　2．只植一端：点数=段数

　　3．两端都不植：点数=段数-1

二、环形封闭植树

　　点数=段数

校长出的题目是植树问题中"两端都不植"的类型。

把一根木头锯成3段，要锯几次？如果每锯1次用3分钟，一共要锯多少分钟？

方法点拨

3分钟　　　　3分钟

把木头锯2次，就会变成3段了，而每锯1次用3分钟，那么一共需要3+3=6（分）。

牛刀小试

小红从一楼乘电梯到五楼用了20秒，如果她乘电梯从五楼到十楼，要多少秒？

小强失踪了！

放学后，罗克跟着依依他们来到了城堡，想要帮助花花、小强他们应付那100道题。对罗克来说，100道题也只是多花一些时间，不至于做不出来。但是花花、小强他们不一样，就算他们通宵做题，估计也做不出来30道。

国王知道花花他们要完成100道题的事情后，生气地拍着桌子站起来说："岂有此理！校长简直欺人太甚！每天做100道数学题，他以为人人都像数学荒岛的国王一样厉害吗？"

　　花花听到国王说这些话，像是遇到了救星，围着他欢快地跳起来，举起那本厚厚的习题册欢呼雀跃着说："爸爸！爸爸！既然如此，那我的作业就交给你了！"

　　国王随手翻开习题册，说："让爸爸看看，这些题目难不难！"

　　只见习题册上有这么一道题：1角钱1个桃，3个桃核儿换1个桃，问1元钱最多能吃几个桃？

　　看到这里，国王顿时冷汗直流，心想：

随便翻开一道题就不会，这太丢人了，得赶紧找个理由掩饰一下才行。于是国王连忙咳嗽两声，义正词严地拒绝了花花："花花啊，学习要靠自己脚踏实地一步步来，不能依靠别人，知道吗？"

罗克一眼就看出了国王的窘境，坏笑道："国王，你不会做的话，我教你啊！"

国王假装生气，双手叉腰说："我怎么不会做了？倒是你，先说说答案，别到时候做不出来又跑来问我！"

罗克嘿嘿一笑，给出了答案：1元钱买10个桃，吃完后剩10个核。再换3个桃，吃完后剩4个核。再换1个桃，吃完后剩2个核。向卖桃的人赊1个桃，吃完后剩3个核。然后把核都给卖桃的，抵消赊的那个桃。所以，最多能吃到10+3+1+1=15（个）桃。

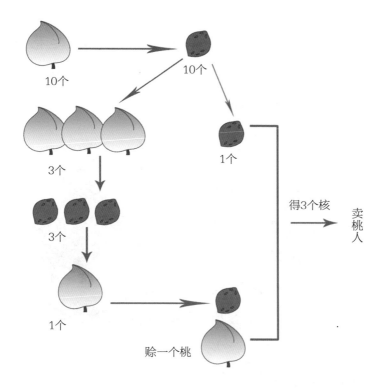

10个　　　　10个

3个

1个

3个

1个

赊一个桃

得3个核　卖桃人

10+3+1+1=15（个）

　　国王大吃一惊，心想："还有这种操作？"却装作一副满意的样子，说："嗯，很好，和我想的一样。"

　　花花拿着习题册"哼"了一声，踩着脚走到角落生闷气，说："要是妈妈在，肯定会帮我做！"

国王一听顿时心软了，过去抱起花花温柔地说："花花，没关系，我可以让加、减、乘、除帮你做！"

正在做家务的四人猛然回头，面容惊惧，额头冒出冷汗。好在罗克在一边提醒花花，说让他们四个做可能还不如花花自己撕花瓣蒙，这才让花花打消了这个念头。

依依叹了口气说："这可怎么办啊，这样下去，我们肯定交不了作业啊……罗克，要不你让我们抄抄答案吧？"

罗克一边拿出习题册，一边摇摇头回答说："不行，这次校长格外认真，每个人的题目都是不一样的，也不知道他从哪里找来这么多题目。"

看来这次校长为了为难大家，真是煞费苦心。罗克他们不知道的是，校长为了找这些习题，已经通宵达旦了好几天，整个人都瘦了一圈。这些题目大多数都是他自己出的，也有一些是Milk的珍藏，题目千奇百怪，绝对是一本极好的习题册。

花花嘟囔："都怪小强，要是他答对了题目，我们就不用做这些题了。"

依依在一旁讽刺她说："为什么你不答？你也有份啊！"

花花阴阳怪气地辩解说："当然是因为小强先答了，他答不对就怪他！"

国王听后眉头一皱，感觉到事情不对劲，罗克也有同感。

大家突然反应过来，四处一看，发现小强并不在这里。国王问道："小强呢？去哪了？"

原来小强一回来就闷闷不乐地躲进了自己的房间，到现在都没出来。国王有些担

心，摆摆手说他去找小强，就一个人离开了大厅。

剩下的几人面面相觑，不知如何是好。小强今天回来的路上就似乎有些不对劲，让人不太放心。罗克摇摇头不让自己去想这个问题——现在要解决的问题是如何帮助花花、小强他们完成100道数学题。可是，这实在是太难了。但是如果这件事从源头上解决呢？源头？校长？

罗克感到一阵头大，想着要不干脆偷偷溜走算了，可此时的依依和花花正像盯贼一样盯着他。就在这时，国王匆忙跑了回来，神色有些慌张。

"小强……小强不见了！"

换桃核

　　这一故事环节涉及数学知识中的"等量代换"。所谓等量代换，指的是用一种量（或一种量的一部分）来代替和它相等的另一种量（或另一种量的一部分）。简单地说，指一个量用与它相等的量去代替。它是数学中一种基本的思想方法，也是代数思想方法的基础。

例 题

　　1角钱1个桃，3个桃核儿换1个桃，花1元钱最多能吃几个桃？

方法点拨

　　除罗克使用的方法外，还可采用分开买的方

式：第一次买3个桃，吃完后用3个核换1个桃；第二次买2个桃，吃完后再用两次留下的3个核换1个桃；第三、四次也采用同样的方法；第五次买1个桃，赊1个桃，吃完后还3个核给卖桃人，抵赊的桃。

28

黑暗的街角是
流浪者的栖息地

夜幕降临，小镇上的人家陆续亮起了灯。透过窗户，可以看到一户户人家在温馨的灯光下，幸福地吃着晚餐。只有两个勤劳的警察例外，他们踩着机械式脚踏板坦克，

行驶在小镇的大马路上。虽然是脚踩，速度却一点都不慢。

瘦警长手持望远镜，通过坦克的小窗户观察着路边的情况。胖警长在一旁拼命地踩着脚踏板，黄豆般大小的汗水从他的头上不停滴落。瘦警长收回望远镜，失望地摇了摇头，说："我们找遍了整座小镇都没找到小强，这样回去国王会骂我们是饭桶的！"

胖警长不以为然，心下想着：我们本来就是饭桶啊。但是他嘴上却说："还不能放弃，我们一定会找到小强的，仔细想想还有什么地方没找过！"

瘦警长有些感动，没想到这个家伙居然会说出这种鼓舞人心的话。他拿纸巾擦了擦眼角的泪，然后又斗志激昂起来："好！那我们就往郊区的山里找。只要不放弃，一定能找到小强！"

两警长对视一眼，这一刻他们感觉自己就是电影中坚持正义的好警察。于是两人

　　一腔热血前往郊区，发誓一定要将小强找回来。

　　坦克摇摇晃晃地驶向郊区。他们走后，小强垂着头从阴暗的街角走了出来。这是他离家出走的第一晚，很不好过。因为没有足够的钱买食物，他现在还没吃晚饭，肚子饿得咕咕作响。

　　虽然很难受，但是只要一想起今天课堂上因为自己没答对简单的题目，连累了全班同学，小强就觉得无颜面对大家，连城堡也待不下去了。他越想越觉得丢人，最终选择

了离家出走。这一走，他就不打算回去了，以后睡街角也好，饿死在街头也罢，都不会再连累其他人。

这么想着，小强走到一间面包店前，隔着玻璃看着各式各样的面包，情不自禁地咽了咽口水。但是他口袋里只有四元钱，根本买不起面包。此时，小强的内心格外凄凉。

就在小强呆呆看着橱窗的时候，一条穿着纸箱的流浪狗突然从路边蹿出，径直冲到小强面前，吓得小强跌倒在地。那流浪狗一边嗅着味道，一边靠近。小强以为这狗要

　　咬他，便尖叫着爬起来，撒腿往黑暗的街角跑去。

　　小强想过一万种自己在街头的悲惨遭遇，胆小如鼠的他以为自己已经做好了一切心理准备，却从没想过会被流浪狗咬。

　　小强在黑暗的小巷里奔跑，眼泪鼻涕横流。他不知道那条狗有没有追来，只知道要跑得更快才不会被狗追上。这一刻小强想起了依依——有她在，肯定会帮自己把狗赶走。他还想起了花花——她应该会跟自己一起哭鼻子。还有罗克——那家伙总会想到办

法解决问题。还有国王、加、减、乘、除，他们也会帮助自己吧！

小强就这样跑着，突然看到前面有一个电话亭，虽然里面有些阴暗，但是应该可以睡一晚，在里面也不用担心被那条狗咬了！小强高兴地冲向电话亭，迅速打开门躲了进去。

"汪！"

一声狗叫从小强脚下传来。小强有些恍惚，他肯定没听错，这声音一定是那条流浪狗的。小强畏畏缩缩地低头看去，整个人像被一记重拳打中一般，愣在原地一动不动。

原来这个电话亭是那条流浪狗的栖息地。

"汪！"

寻找小·强

地球上不同国家会有时差，解决时差问题用数学方法更快捷，更方便。比如说，与罗克所在城市B市的时间相比，C市时间早1小时，记为+1时；A市时间晚9小时，记作-9时。

例 题

晚上7:25，国王发现小强不见了，马上派胖、瘦两位警长出去找。罗克也一起去找，晚上10:00罗克找到了小强。请问，罗克找了多长时间？而此时A市和C市是几点？

方法点拨

晚上7:25 ——（经过2小时）——→ 晚上9:25 ——（经过35分钟）——→ 晚上10:00

2时+35分=2时35分=155分

C市与罗克所在的B市的时差是+1，B市为晚上10:00，即22:00，所以C市为23:00；

A市与B市的时差是−9，即为下午1:00。

牛刀小试

找到小·强后，依依赶紧做今天的100道作业题，她从23:00开始做，到次日凌晨1:15才完成。问：依依用了多少分钟做完100道题？

一次失败的离家出走

　　和流浪狗共处一个狭小的空间，这让小强觉得自己是自投罗网，想躲都躲不掉，说不定马上就要被狗咬了。小强越想越害怕，不禁抱头浑身颤抖起来。流浪狗好奇地绕着小强转了一圈，又闻了闻他的鞋子，发出一声清脆的叫声。

　　小强"哇"地大喊一声，恐惧让他爆发出一股力气。小强一下子跳了起来，双手撑在电话亭两侧，整个人爬了上去，从高度上拉开了与流浪狗的距离。

　　流浪狗以为小强是在和它玩耍，于是

37

更兴奋了，一直"汪汪汪"叫个不停。而小强以为流浪狗凶性大发，吓得大哭起来。这一刻，只要有人来救他，他就会立马乖乖回家，再也不干离家出走这种傻事了。

小强哭着哭着，突然想起来自己在电话亭，可以打电话求助啊，刚好兜里还有四元钱！想到这里，小强重新燃起了希望。但是他距离电话的投币口有一段距离，又不敢下去投币，难道要靠运气把硬币丢进去吗？

投币口小而扁，在这么远的地方投进去的概率极小，而小强却只有四次机会，一旦

有所偏差就全完了。时间慢慢过去，他的手臂开始酸痛，再过一会儿可能就撑不住了，而脚底下那条恶犬却还在吠个不停。

没时间考虑了，就靠运气吧。要是投中了，有人来救我，我就回家；如果没有，那就……小强这样想着便随手扔出一个硬币，果不其然，没中，而且砸到了流浪狗的身上。那狗以为小强在跟它玩游戏，变得更兴奋了。

小强咬着牙谨慎地扔出第二个硬币，心中默念着一定要中，因为如果这次不中他就

只剩两枚硬币了。这次运气不错，硬币笔直地落入投币口，小强旁边的电话亮了起来。

此时，罗克和UBIQ正走在小镇的街道上，寻找失踪的小强。罗克知道以小强的能力，一个人离家出走肯定会受到不少挫折。而且说到底，那100道数学题的任务根本不是小强的错。这一切肯定都是校长算计好的，看来校长为了赢得愿望之码，已经开始从心理上瓦解对手了。

虽然国王已经命令胖、瘦两位警长寻找小强，但罗克还是放心不下，因为那两个警长还没做成过什么事。可罗克也找了小镇的很多地方，都没看到小强的影子，他究竟躲哪去了呢？

"丁零零……"罗克的手机响了起来。罗克一看，是个陌生的号码，他按下接

听键，电话里竟然传来了小强的声音。

"罗克！快来救我！"

罗克一听，心想：不好，小强肯定出事了。罗克连忙问小强的位置，但是小强话还没说完，电话就挂断了，电话那端只有"嘟嘟嘟"的声音传来。

罗克连忙对UBIQ说："UBIQ，快定位一下刚刚那通电话是从什么位置打来的，你能做到吧？"

UBIQ点头，开始分析电话来源，很快便锁定了位置。

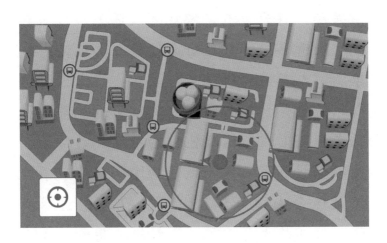

因为投的币只够讲这么长时间，电话挂断后，小强又丢了两次币，但都没投中。小强十分绝望，罗克连位置都不知道，肯定救不了自己。而此时，小强的手已经酸痛无比，眼看就要撑不住，真的要被这条狗咬了。小强心里无比后悔当时作出离家出走的决定，真不该这么任性。

　　想到这里，小强产生了放弃的念头。他慢慢松开自己的双手，任由自己的身体往下掉。被咬就被咬吧，已经无所谓了。

　　"汪汪汪！"看到小强下来，流浪狗很兴奋，以为又有新游戏可以玩了。自从它被主人遗弃后，已经好久没跟人类玩过游戏了。"人类看到我就又打又骂，好像很讨厌我。他们是讨厌我脏兮兮的样子吗？那干脆躲在纸箱里吧，这样他们看不到我的样子，就不会打我了吧！"纸箱狗这样想。"不过今天这个小孩好像有些不一样，愿意跟我玩，我真是太开心了。"纸箱狗想着，又兴奋地朝小强吠了几声。

小强生无可恋地坐在地上，闭着眼睛等待流浪狗咬他。但是许久不见动静，于是小强睁开一只眼看了看，发现这条狗正对他摇着尾巴。

流浪狗不但没有要咬小强的意思，还把头伸出纸箱，让小强看到了它的样子。这是条很丑陋的土狗，脸上疤痕密布，看起来有些吓人。小强也被吓到了。这时，纸箱狗蹭了蹭小强的手，然后舔了舔他。如果小强没看错的话，纸箱狗那狰狞的脸上还绽放了一个笑容。是的，一条狗，也是会笑的。

"小强！你没事吧！"罗克和UBIQ正快速跑过来。小强高兴地站起来，朝罗克挥挥手。

"罗克！UBIQ！我在这里！"所有委屈在这一刻都散去了，此刻小强只想回家吃个饭，然后睡个好觉。

罗克和小强离开电话亭，准备回城堡

去。小强临走时回头看了一眼，发现那条狗不知什么时候已经不见了，大概是罗克刚来的时候它就跑了吧。不知道为什么，小强突然觉得它应该不是什么恶犬。

小强走后，电话亭又空无一人了。流浪狗回到安静的电话亭，蜷缩在纸箱里安静地睡着了。

抛币打电话

这个故事环节中"投币口小而扁,在这么远的地方投进去的概率极小,而小强却只有四次机会,一旦有所偏差就全完了"谈到了"概率"一词。概率反映随机事件出现的可能性大小。它是度量偶然事件发生可能性的数值。随机事件是指在相同条件下,可能出现也可能不出现的事件。

常用列举法求简单随机试验中事件的概率,利用频率估计概率。

例 题

小强需将硬币投入投币口打电话求救,每次投中和投不中的概率相等,他有四枚硬币,恰好有一枚硬币投中的概率是多少?

每次投中和投不中的概率相同，都为 $\frac{1}{2}$。

设四枚硬币分别是A、B、C、D，

只有A投中的概率为 $\frac{1}{2} \times \frac{1}{2} \times \frac{1}{2} \times \frac{1}{2}$；

只有B投中的概率为 $\frac{1}{2} \times \frac{1}{2} \times \frac{1}{2} \times \frac{1}{2}$；

只有C投中的概率为 $\frac{1}{2} \times \frac{1}{2} \times \frac{1}{2} \times \frac{1}{2}$；

只有D投中的概率为 $\frac{1}{2} \times \frac{1}{2} \times \frac{1}{2} \times \frac{1}{2}$；

因为只投中一枚有4种情况，所以概率为 $4 \times \frac{1}{16} = \frac{1}{4}$。

牛刀小试

罗克和依依用两颗骰子玩游戏，如果朝上点数和为2、3、4、10、11、12为依依赢，如果是5、6、7、8、9为罗克赢。共投20次，谁赢的可能性大？为什么？

敌人是100道题

小强回到城堡的时候，已经是晚上十点。平时这个点，花花和依依都已经上床睡觉了，但是今天小城堡大厅的灯还亮着。"难道这是专门给我留的？"小强有些感动，但当他走进大厅，却发现花花、依依和国王居然在玩牌！

三个人看到小强回来了，连忙把手中的牌收起来，藏在背后，笑嘻嘻地看着小强，说："小强，你终于回来了！"

依依和花花都打了个哈欠，看来已经很困了。她们起身揉了揉眼睛，依依首先开

47

口说："胆小如鼠的人，还敢玩什么离家出走！"

花花倒是流露出关心小强的样子，泪眼朦胧地说："小强，我好担心你啊！"

小强很感动，大家都在关心自己，而自己却这么任性，真是太不应该了。花花接了一句："要是你不回来，我就是倒数第一了！"

还在感动的小强听到这里顿时感到很是无奈。国王哈哈大笑，招呼三个孩子快去睡

觉。这时罗克走了进来，手里还拎着一大堆宵夜。

国王还没等罗克说明来城堡的目的，就先夸了胖、瘦两个警长一番，说他们这么快就把小强找到了，一定要好好奖励他们。

国王刚刚夸完，就看到胖、瘦两个警长垂头丧气地从门口走进来。瘦警长痛哭流涕地说："国王，我们找遍了所有地方，甚至山里面都找了，就是找不到小强。我想，小强……小强恐怕是……"

胖警长接过话，一脸难过地说："死了……"

小强拉了拉国王的衣服，悄悄告诉国王是罗克找到他的。国王面子上有些挂不住，瞬间满脸通红，把胖、瘦两个警长大骂一通："你们两个饭桶，小强不是在这吗？罗克都能找到，你们是干什么吃的？"

胖、瘦两个警长看到国王身边的小强，顿时面面相觑，这回丢脸可丢大了。国王越

看胖、瘦两个警长越不顺眼，生气地说："为了惩罚你们，我决定……"

"跑500圈！我们懂！马上就去！"瘦警长很有自知之明地拉着胖警长跑出门去。他俩对于这种体罚早就有了抵抗力，于是俩人屁颠屁颠地跑了出去，还喊着"1、2、1"的口号，步伐整齐，一看就是经常锻炼的。

国王嘀咕了一句："我只想让他们下次一定要努力完成工作而已……没打算让他们跑啊。"

罗克并没有在意这些闹剧，而是把宵夜放在桌子上，然后示意小强、依依和花花一起过来。三个人不明白罗克要干什么，一脸疑惑地看着罗克。罗克惊讶地说："你们把100道数学题忘记了？"

听到100道数学题，小强开始犯晕，依依脸色惨白，花花干脆躺在国王怀里装死。罗克叹了一口气，自言自语道："他们果然不记得这回事了，或者是故意不记得这回事了。"

罗克提醒他们说："如果不做完100道数学题，不知道校长会怎么刁难我们，所以还是赶紧做完吧。"听完罗克的话，三个人纵是百般不情愿，还是拿出了习题册。正如罗克所说，要是没做完，校长指不定会耍什么花招。可是每天都这么做的话，还用睡觉吗？

罗克神秘地告诉大家，肯定会有人出来教训校长的，让大家放心。几个人将信将疑，开始埋头做习题。

"唉，要是我不离家出走，就可以早点做完了，都怪我。"小强为自己的行为感到深深懊悔。

罗克拍了拍小强的肩膀，说："都过去了，现在我们的敌人是100道数学题，我们一起来打败它们！"

几个人燃起斗志，拿起笔"唰唰唰"地

开始做题。花花准备了100朵花，撕得手都酸了；小强基本不会做，做一题就问一次罗克；依依也是半桶水。罗克一边做自己的题目，一边帮其他人解答，所以四人做习题的速度像蜗牛一样。

小强问的问题最多，有一道题目给罗克留下了深刻印象，题目是这样的：有人想买若干套餐具，到餐具店后发现自己带的钱可以买21把叉子和21把勺子，或者28把小刀。如果他买的叉子、勺子、小刀数量不统一，就无法配成套，因而他必须买同样多的叉子、勺子和小刀，并且正好将身上的钱用

只能买21个组合　　或者只能买28把小刀

完。如果你是这个人，你该怎么办？

罗克思考了一会，才想到答案：1把勺子和1把叉子的钱是 $\frac{1}{21}$，1把小刀的钱是 $\frac{1}{28}$，1套的总价是 $\frac{1}{21} + \frac{1}{28} = \frac{1}{12}$，所以可以买12套，而且所有钱都用完了。

国王看着孩子们做题的样子，既欣慰又愤怒。欣慰的是看到几个孩子这么努力，愤怒的是可恶的校长居然留下这么多作业，让孩子们的休息时间得不到保障，真是太过分了。国王想着明天就去跟校长谈谈，要是谈不成，就别怪他这个数学荒岛的国王冷酷无情了。

就这样，一个晚上过去了。

买餐具

　　这个故事环节中涉及数学知识中的"工程问题"。工程问题既是解决问题知识板块中的重点，也是难点，是分数解决问题的引申与补充，是培养学生逻辑思维能力的重要工具。给出工作总量具体的值就容易解答，现在是把总量看成单位"1"，工作效率是工作时间的倒数，然后再去解决。

例 题

　　有人想买几套餐具，到餐具店后发现自己带的钱可以买21把叉子和21把勺子，或者28把小刀。但他必须买同样多的叉子、勺子、小刀以配成套，并且正好将身上的钱用完。如果你是这个人，你该怎么办？

解法1：

这道题的关键，在于要把叉子和勺子看成一个整体。1把叉子和1把勺子的钱是 $\frac{1}{21}$，1把小刀的钱是 $\frac{1}{28}$，3件1套的总价是 $\frac{1}{21} + \frac{1}{28} = \frac{1}{12}$，所以可以买12套，而且刚好用完所有钱。

解法2（设值法）：

$[21，28]=84$，21和28的最小公倍数为84，假设带的钱是84元，那么：

1把叉子和1把勺子要84÷21=4（元）；

1把刀子要84÷28=3（元）；

1套刀、叉、勺要4+3=7（元）；

可以买餐具套数：84÷7=12（套）。

牛刀小试

一项工程，如果甲单独做，需要3天完成，乙单独做，需要6天完成。如果两队合作，请问需要多少天完成？

校长被罚操场跑500圈

第二天清晨，校长早早起了床。刷了牙，耍了一套老年保健操，然后随意吃了点早餐，就拖着半睡半醒的Milk去学校了。

校长一大早就蹲在校门口，其实是要检查学生们的作业，尤其是罗克他们几人的作业。只要他们有一道题没做完，就可以罚他们去操场跑500圈，这样他们就会累到完不成第二天的作业，然后再罚500圈。这样一天天下去，罗克他们肯定会崩溃，到时就没有能力和自己抢夺愿望之码了。想到这里，校长不禁叉着腰大笑起来，很是得意。

时间一点点过去，学生们陆陆续续来到了学校。眼看着就要到上课时间，罗克他们几人却还没来。

Milk看了看校长，说："校长，不会是我们看漏了，罗克他们已经进去了吧？"

校长瞪了Milk一眼，说："我怎么会看漏了呢。我看他们今天肯定是要迟到了，正好，又多了个惩罚他们的理由。"

校长正琢磨着千奇百怪的惩罚方法的时候，罗克他们几个人气喘吁吁地赶了过来，仔细看的话还可以看到他们眼睛周围的黑眼圈。校长连忙拦下他们，说："站住。"

罗克解释说："校长，我们为了做作业没赶上校车。马上就要迟到了，你拦我们干吗？"

校长伸手道："赶紧把习题拿出来，我要逐一检查！"

罗克几人拿出四本沉甸甸的习题册，交到校长手上。

校长生气地指着罗克他们说："我就知道你们做不完，整天只知道玩，不好好学习，导致成绩这么差。为了让你们记住这次教训，统统给我去操场跑500圈！"

Milk在一旁悄悄提醒校长说："你还没看呢！"

校长理直气壮地回答："不用看我也知道他们肯定没做完！"

罗克他们四人的脸上浮现出意味深长的笑容，花花优雅地闻了闻花，说："校长，你看看不就知道了。"

校长冷哼一声，随意翻开一本习题册，结果发现不仅做完了，而且竟然都做对了。

"这怎么可能？"校长又翻开另一本，结果也是一样。

校长脑中一片混乱，这和他预想的完全不一样，这群懒鬼怎么可能会把100道题都做完呢？按照他的想法，昨天课堂上的事对小强的打击已经够大了，小强应该会闹出什

么乱子，让这群人应付不来才对啊！怎么现在他不仅跟没事人一样，而且把作业都做完了？校长看完四本习题册，一时愣住不知该如何是好。

校长的神情阴晴不定，原本的好心情早已消失不见，取而代之的是不甘心。校长想着，这次居然又被他们逃过一劫，是不是100道题太少了，或许应该再加100道！

就在这时，一辆小轿车停在校门口。小胖和一个体型比他肥大、样貌与他有七八分相似的男人走了出来。校长这时正在气头

上，心里想着一定要找人出出这口恶气，小胖这个只会吃的家伙总不会也做完了吧。

"站住，把作业交出来。"校长一脸凶恶地拦住小胖，好似一个要爆炸的炸弹。

小胖毫不畏惧，反而指着校长对身边那个男人说："爸爸，就是这个坏蛋给我们布置了100道数学题。"

高大威猛的小胖爸爸走到校长面前，眉头一挑说："你就是那个刻意给学生布置超多作业的校长？"

校长看此人身材高大，有些心虚，但是

转念一想，Milk也很高大，就又放松下来，于是瞪着小胖爸爸说："你谁啊，我教训学生关你什么事？"

Milk凑到校长面前悄悄说："校长，这个人看起来好像不怕你。"

校长昂起头说："那又怎样，在学校我是校长，这里我最大。"

看着小胖爸爸脸上露出的得意笑容，不知道为什么，校长产生了不妙的预感。

校长的预感是对的，原来小胖爸爸竟然是校董，也就是自己的老板。可惜校长知道

得太晚了，当天校长就被责令取消对学生的超量作业，并且写了检讨，同时被罚绕操场跑500圈。

校长一边跑一边哭，这次真是赔了夫人又折兵。不过，他可没那么老实，跑了几圈就躲在一角偷懒。

不可能完成的500圈

无论是数学荒岛的国王、校长还是校董，他们都喜欢罚人在操场上跑500圈。我们的学校也有标准跑道，算算看，我们能不能在校园的跑道上连续跑500圈？

例 题

如下图，沿着操场最内圈跑一圈有多少米？沿着最内圈连续跑500圈能完成吗？（圆周率取3.14159）

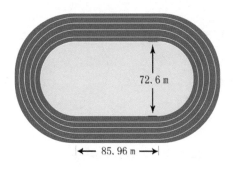

72.6 m

←——— 85.96 m ———→

最内圈弯道周长：$72.6 \times 3.14159 \approx 228.08$（m）

最内圈跑道全长：$85.96 \times 2 + 228.08 = 400$（m）

$500 \times 400 = 200\ 000$（m）$= 200$（km）

马拉松赛是一项长跑比赛项目，其距离为42.195千米。500圈约是5个马拉松距离了。

所以这样的罚跑根本完成不了！

牛刀小试

已知AB=10厘米，求下图中各圆周长的总和。（圆周率取3.14）

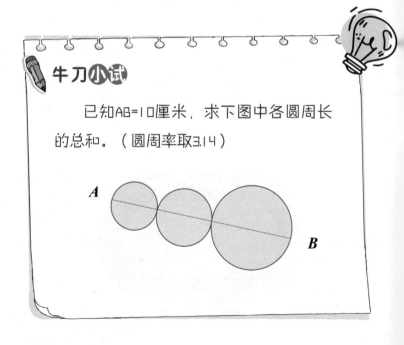

魔鬼
体能测试

要举办体能测试

自从每天100道数学题的作业被取消后，校长就像消失了一般，好几天没有出现在同学们面前。大家纷纷猜测校长是不是被校董罚做数学题去了。

这天午休，罗克坐在学校休息区，拿着

他的游戏机低着头认真玩游戏。妈妈告诉罗克，沉迷于游戏不仅影响学习，还会影响视力，因此每天只能玩一小会儿。

依依悄悄靠近罗克，这时的罗克正沉浸在游戏里，根本没注意到依依。依依轻而易举地从罗克手上把游戏机抢了过来。罗克这才反应过来，追上去想抢回游戏机，大喊着："依依！还给我！快还给我！"

罗克只是追了一会，就气喘吁吁地再也跑不动了，只好双手撑着膝盖大口喘气，想休息一会儿。依依走到罗克身边，绕着他转了一圈，打趣着说："罗克，你怎么跑不动了？这也没跑多远啊！"

罗克已经累得说不出话来。依依继续揶揄他说："肯定是整天玩游戏，都没锻炼身

体吧？"

罗克脸红了一下，故作镇定地说："哼，玩游戏也是一种锻炼，玩游戏的时候手指和脑子都要运动呢！"

这时，小强和花花也凑了上来，开始讨论游戏和运动能不能兼得的问题。花花认为这完全可以，就像她撕花瓣一样，既可以娱乐自己，又可以锻炼手指力量，一举两得，就是有点浪费花儿。而小强觉得只有真正去运动才算锻炼身体，罗克和花花这样根本就不算锻炼。小强的说法得到了依依的认同，于是四人自然地分成了两大阵营。

就在这时，校长突然面带笑意地出现在大家面前。大家像看到害虫一样赶紧远离校长。校长看到这情景并没有恼怒，而是笑嘻嘻地迎上前去。可他刚一靠近，罗克四人又抱团跑到另一边。校长连忙喊道："哎，哎，你们别跑啊，我是想告诉你们一件好事啊！"

罗克四人立刻摇头，他们太了解校长了，校长说的好事，说不定是大家的噩梦，所以根本不抱期待。

校长清了清嗓子说："是这样的，我觉得我们学校应该举办一次体能测试，毕竟身体好才能学习好！"

罗克四人面面相觑，体能测试是好消息吗？这件"好事"果然不怎么样呢！这时小胖凑了上来，笑嘻嘻地说："哈哈，罗克每次体能测试都是倒数第一！"在这一点上，罗克是他唯一能嘲笑的人，因为小胖是倒数第二。

罗克连忙捂住小胖的嘴："不说话不会少一顿饭的！"

校长继续解释道："体能测试下周才开始，你们现在先不要太兴奋。不过呢，如果体能测试不及格，那么……就需要特殊的锻炼了。身为校长，我一定要对学生的身体素质负责！"

校长说完背过身去捂着嘴偷笑起来。这次他好不容易查到体能差是罗克的致命弱点。只要抓住这点，就能在下次愿望之码出题的时候让罗克没精力参加。想到这，校长又得意地笑了。

罗克有些不服气："这次我肯定不会倒数第一的！"

　　校长回头提醒说："倒数第一和倒数第二估计都是不及格的！不及格就要接受我的魔鬼训练啊！"

　　罗克和花花顿时脸都黑了，他俩对自己的体能有自知之明，这次倒数第一和第二很可能是他们了，而且几乎不可能会及格。这时小胖反而得意起来，看来他能排到倒数第三了。

　　罗克和花花对视一眼，相继叹了口气，异口同声说道："这可怎么办啊……"

　　"要不，我们请个教练吧？"

　　罗克和花花直勾勾地盯着提出这个建议的小强，这似乎……真是一个好办法！

别样的跳房子游戏

游戏和运动能不能兼得？答案是肯定的。我们一起来利用数学知识设计一款游戏——跳房子。

"跳房子"不但可以锻炼身体，还可以培养判断力和注意力！

例 题

你知道以下跳房子游戏是怎么设计的吗？

斐波那契螺旋线，也称"黄金螺旋"，自然界中存在许多斐波那契螺旋线的图案，它是自然界最完美的经典黄金比例。作图规则是在以斐波那契数为边的正方形拼成的长方形中画一个90度的扇形连起来的弧线。

牛刀小试

动手画一画斐波那契螺旋线。

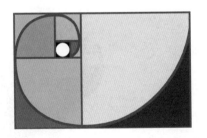

提示：需要使用圆规和量角器。

肌肉教练

依依、花花、小强和罗克来到城堡的时候，国王正在对着镜子展示自己傲人的肌肉。完美的倒三角身材，鼓起的肱二头肌……这让国王深深地赞叹自己的强壮。

"世界上怎么会有我这样强壮又英俊的人？"

加、减、乘、除在一旁拍手叫好，国王一高兴，就给加、减、乘、

除四人放了半天假。

花花径直跑向国王，向他说明了大家的来意。国王一听，感觉是自己大展身手的好时机，于是显摆了一下肌肉，露出洁白的牙齿，笑着说："乖女儿，你放心，有你强壮的爸爸在，保证你们在体能测试中顺利过关。"

罗克心想：这下有救了，国王这么强壮，肯定有他的独门秘诀。只要学会了国王的秘诀，就再也不怕体能测试了。于是，罗克连忙问道："国王，你能教我们变得像你一样强壮的秘诀吗？"

国王摇摇手指，笑着说："你们还小，想要达到我这样的身材标准，至少得十年……不，二十年！"

大家一听顿时都急了，下周就要考试了啊！别说二十年，就是一个月也不行啊！国王知道大家的心思，连忙示意大家放心，然后指着自己的四个手下说："你们不要担

心，就算变不成我这样，像加、减、乘、除这样也已经很厉害了！"

正在休假的加、减、乘、除四人很配合地展示起了各自的才艺。加以每分钟100次的速度举杠铃，减急速转呼啦圈，乘花式抛球杂耍，除原地无限后空翻，看得罗克四人目瞪口呆。

国王在罗克面前得意地晃了晃，眉飞色舞地说："怎么样？很厉害吧！这都是我训练出来的士兵！虽然你们几个的天分没有加、减、乘、除那么好，但在我的特殊训练下，你们还是能有他们一半厉害的！"

罗克双眼发光，心想：要是有加、减、乘、除一半厉害，那也肯定能及格啊！于是，罗克满脸期待地对国王说："我们马上开始训练吧！"

这一刻，国王终于感觉自己是个真正的国王了。自从他来到地球后，处处都找罗克帮忙，这次好不容易是他擅长的领域，一定要给罗克留下一个深刻的印象。

国王淡定地拉住兴奋的罗克："不急，我的训练可是火辣辣的魔鬼训练，要制订专门的训练计划。你们先去休息，从明天开始到下周，每天早上五点到七点，下午五点到晚上八点，都要来训练！"

花花崇拜地看着自己的父亲说："哇！爸爸好专业！好帅！"

一旁的小强和依依嘀咕着："我们要参加吗？感觉好累的样子……"

国王敏锐地察觉到小强和依依想要退

缩，他严肃地说："你们要和罗
克、花花一起接受训练！不准偷
懒，听到没有？"

依依和小强只好有气无力地
说了声："是……"

国王让大家各自回去休
息，明天早上五点在城堡门口集
合。肌肉教练的特训马上就要开
始了，罗克和花花对此充满了
期待。

速度单位

我们知道，路程÷时间=速度，速度的单位由路程单位和时间单位合成，如"米/秒"。单价是由"总价÷数量"得来的，为什么单价的单位不是"元/个"呢？原来国际上有一个约定，如果是由以下7个基本单位派生出来的单位，要写出原来的基本单位的组合格式。长度（路程）和时间都是基本单位，所以，速度的单位用"米/秒"的格式来表示。然而，单价中总价和数量都不是国际基本单位，所以不用写"元/个"，而是直接写"元"。

国际单位制（SI）的7个基本单位

量的名称	单位名称	单位符号
长度	米	m
质量	千克（公斤）	kg
时间	秒	s
电流	安［培］	A

79

量的名称	单位名称	单位符号
热力学温度	开［尔文］	K
物质的量	摩［尔］	mol
发光强度	坎［德拉］	cd

例 题

小强爸爸开车送小强上学，速度为90千米/时，罗克骑滑板车上学，速度为300米/分，小强爸爸开车的速度是罗克骑滑板车速度的多少倍？

方法点拨

速度问题需特别注意单位一致：

90千米/时＝1500米/分　1500÷300＝5

所以，小强爸爸开车的速度是罗克骑滑板车速度的5倍。

牛刀小试

"加以每分钟100次的速度举杠铃。"

你能用自己的话描述加举杠铃的速度吗？

3 训练准备

第二天，清晨五点十分，罗克、花花和小强一脸没睡醒的样子站在城堡门前。依依平时早起惯了，看不出有什么不同。国王倒是精神饱满，加、减、乘、除平时也都每

天早起，动作都很利索，很快就准备好了国王交代的东西——两个大音箱。国王站在音箱中间，满脸笑意地看了眼几个无精打采的人。

国王拿出哨子一吹，举着话筒说："咳咳，醒醒啦醒醒啦，特训马上开始！"

罗克几人提了提神，跟着国王做了热身运动。国王告诉他们，在每次运动之前，都要做好热身运动，拉伸筋骨，这样在运动中才没那么容易受伤，所以一定要认真对待热身运动。大家嘴上答应得好好的，但是做运动的时候几个人还是会偷懒，趁着国王背过身去做臀部运动的时候，他们就蹲在地上

偷笑。他们觉得那动作实在太丑，根本不想学。

国王以为大家都用心做好了热身运动，便准备招呼他们开始正式训练，但这时候罗克却喊起了肚子疼。

"哎哟，国王，我不行了，我肚子好疼，要回家休息。"罗克捂着肚子，一脸很难受的表情。

花花眨了眨眼，就连她都看得出来，这是罗克想偷懒找的拙劣借口，于是对罗克说道："不训练的话，小心会不及格的。"

罗克一听，直接倒在地上打滚，样子装得非常逼真，让花花都开始怀疑到底是不是真的。

小强叹了口气说："难怪每次体能测试罗克都是倒数第一。"

依依则掏出抹布，恶狠狠地对罗克说："什么肚子疼？怎么这么巧？昨天说训练的时候你可是最积极的，现在居然第一个想

逃？我这抹布可以治肚子疼，你要不要试试啊？"

罗克"嗖"地一下蹿了起来，神色恢复正常，严肃地看着国王说："国王，我好了，训练开始吧！"

国王点点头，公布第一项特训的内容——绕城堡跑十圈！

一听到又要跑步，几人一片哀号。

国王见大家对跑步很反感，于是解释说："晨跑有利于身体健康，也是最简单的锻炼方式之一，而且能消耗多余的卡路里，从而练就我这样的完美身材！"国王一边说一边展示自己傲人的肌肉。

国王突然想到了什么，笑嘻嘻地说："既然说到了卡路里，那我就考考你们，给你们出一道数学题。"

国王不顾小强和依依的反对，自顾自地说出了数学题。题目是这样的：国王体重70千克，每天跑8千米。已知跑步消耗的热量=体重×距离×指数K，指数K=1.036，那么国王每天在跑步过程中，消耗的热量是多少千卡？

国王说完题目，依依假装没听见，小强则说肚子饿没力气想，花花倒是自告奋勇地说自己知道，然后撕着花瓣开始数起来。

"答对题目的人，可以少跑一圈。"国王说完这句话，罗克立刻举手说："我知道！这题目太简单了！"

罗克给出的答案是：根据题意，跑步消耗的热量=体重×距离×指数K，指

数K=1.036，所以就直接套用公式，国王跑步消耗的热量＝70×8×1.036＝580.16（千卡）。

国王转过身擦了擦额头的汗，偷偷嘀咕着："居然这么快就算出来了，我可是算了好久的……"国王不动声色地转回身来，向罗克投去赞许的目光，说："不错，差一点就算得比我快了。"

"那我是不是可以少跑一圈了！"

"不行！你既然知道了跑步的好处，就更不能偷懒了！一圈都不能少！"

罗克还没来得及埋怨国王说话不算话，特训就这样正式开始了。

运动塑形

计算国王跑步过程中消耗的热量时，用到"指数"一词。你知道吗，我们除了跑步等运动造成的"额外热量消耗"，还有"基本热量消耗"。

人的"基本热量消耗"是指人维持正常活动所需的最低热量。

你知道各种游泳方式所消耗热量的指数吗？

各种游泳方式所消耗的单位热量［单位：千卡/（千克·时$^{-1}$）］如下：

随意游：6.0　　　　自由泳：6.0~12.5

蝶　泳：13.0　　　　仰　泳：6.0~12.5

蛙　泳：6.0~13.0

额外消耗热量＝（单位热量×体重－基本热量消耗）×运动时间

例 题

国王的体重是70千克，每天跑8千米。已知跑步消耗的热量=体重×距离×指数K，指数K=1.036，那么国王每天在跑步过程中，消耗的热量是多少千卡？

方法点拨

根据题意，指数K=1.036，得

跑步消耗的热量=体重×距离×K

$$=70 \times 8 \times 1.036$$

$$=580.16（千卡）$$

牛刀小试

小强体重50千克，每小时基本热量消耗为60千卡，每天蝶泳40分钟，单位热量消耗为13千卡/（千克·时⁻¹）。则他额外消耗的热量是多少千卡？

魔鬼训练的最后一项

　　魔鬼训练已经持续了五天，明天就是体能测试的日子了。在这段时间里，罗克他们四人清晨五点开始训练，到七点去上学，下午五点放学后又开始更加残酷的训练，一直到晚上八点才能停下。而且在这期间，他们都不准坐校车上学，更别说踩滑板了，全部跑步上下学，简直被折腾得不成人样了。

　　不过总算是迎来了最后一天的训练。要是持续训练一个月，说不定罗克就不在乎及不及格，早早逃跑了。

　　今天的特训内容和之前有些不一样，是

终极的考验。国王将亲自给大家示范，好让他们都能掌握到精髓。

大家都不知道国王这是卖的什么关子，只好带着满腹疑惑跟着国王来到了废弃游乐场。游乐场里很空旷，没有其他人，游乐设施也早已停止运转。

国王正色道："今天，我要把我的独门绝技传授给你们，只要学会这招，什么测试都不在话下！"

小强问："那干吗不早一点教呢？"

国王眉毛一挑，龇牙一笑说："因为这招太难了，必须要有强健的体魄才能学会，所以之前我一直在锻炼你们的身体。本来现在教你们还是太早，但没办法，你们只能学多少算多少了。"

看国王说得有模有样，大家都咽了咽口水，开始对国王的独门绝技有些期待了。难道国王是隐藏的绝世高手？

在大家的注视下，国王缓缓走到旋转木

马旁，回头朝几人比了个大拇指。

"注意！我要开始了！"国王一声大喊，在旋转木马旁边待命的加、减、乘、除开始推动木马转起来。

只见国王摆了个展示肌肉的姿势，接着一跃而起，单手支撑着倒立在一只木马上。国王腹部收缩，支撑的手一收一放，整个人弹了起来，在空中转体1080°后降落，落下时又抓住旋转木马的竿子，整个人绕着竿子转了十几圈。在惯性的作用下，国王将自己甩了出去，但是国王并没有迷失方向，而是一脚踩在木马头上。此时旋转木马越转越

快，国王脚踩木马，手并没有扶着竿子却游刃有余，从这个木马跳到下个木马，再跳到下一个，足足跳了十五个木马，没有一次失手。

最后，国王打算以一个帅气后空翻落地，来个完美收尾，谁知没站稳，摔了个嘴啃泥。

罗克、依依和小强捂脸偷笑，这个结尾真是不怎么好看啊。花花连忙过去扶起国王，担心地问："爸爸，你没事吧？"

国王并没有因为失手而脸红心虚，而是很大度地拍拍衣袖，豪爽大笑："哈哈，像这样的摔跤，我已经不知道摔过多少次了。摔跤并不可怕，但是要记住，摔一次就要吸取一次教训，下次绝对不能再因为同样的错误而摔跤了。我就是为了告诉你们这个道理，所以刚刚才故意做一个错误示范的。"

罗克问国王："国王，你是让我们学这个……杂耍？"

国王摆摆手说："当然不是，这个再给你们十年都学不会，这次真正的训练是这个！"

国王指着旁边由绳子相连的两个平台，绳子有两指粗细，离地30厘米。国王解释说："最后是要锻炼你们的平衡能力。今天的任务就是，所有人都能走过这条绳子，到达对面的平台。"

"啊？这也太难了吧？而且……好高……我不敢……"小强躲在依依后面瑟瑟发抖，却被依依拽了出来。

依依问："那国王为什么要示范刚才的动作？"

国王答："当然是为了让你们看看我矫健的身手啊！"

"爸爸，真要走过去吗？"花花试探性地问国王。

国王点头说："不通过就训练到明天！不能休息！听到没有！"

在一片抱怨声中，最后的训练开始了。太阳渐渐落山，这次特训即将迎来尾声，接下来就是明天的体能测试了，国王的特训究竟有没有效果呢？

空中转体

国王在空中转体1080°后降落，圆周角=360°，所以国王在空中转了三圈，画了三个圆。

例 题

侍卫加也抓住杠高速旋转时形成了一个圆锥体。这个圆锥体的底面半径为9分米，高为12分米，求这个圆锥的体积。

方法点拨

圆锥的体积是和他等底等高的圆柱的体积的三分之一。

$$V_{圆锥}=\frac{1}{3}\pi r^2 h$$

$\frac{1}{3}×3.14×9^2×12=1017.36$（立方分米）

所以，这个圆锥的体积是1017.36立方分米。

侍卫减给国王端来一杯酒，如右图。圆锥形酒杯中装有3升酒，酒面高度正好是圆锥形酒杯高度的一半，这个酒杯还能装多少升酒？（已知酒面高度为圆锥酒杯高度的一半时，酒面直径为酒杯直径的 $\frac{1}{2}$）

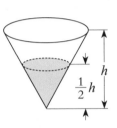

体能测试来了

　　转眼一周过去了，今天就是体能测试的日子。为了办好这次体能测试，学校下午不上课。只见运动场四周彩旗飘扬，还挂满了各式横幅，写着"谱写生命之歌，弘扬运动精神"等标语。

　　运动场上已经站满了要参加测试的同学。测试以班级为单位进行，罗克的班级比较靠后，所以还没这么快轮到他们。

　　在准备区域，罗克班级的同学三三两两地讨论着这次测试，谁又得了第一，谁天生就是奥运冠军的料，谁又刷新了最差纪录，

等等。

罗克几人聚在一起，讨论的却是谁可能会不及格。大家一致认为罗克最有可能不及格。

面对大家的质疑，罗克满怀自信地说："哼，经过这么多天训练，我已经脱胎换骨了，这次肯定能及格！"罗克停顿了一下，补充了一句，"必须及格！"

依依笑着说："是因为游戏机给国王保管了，不及格就拿不回来了吧？"

原来为了让罗克专心锻炼，国王强制收缴了罗克的游戏机，等罗克体能测试及格才还给他。

这时校长手持喇叭走了过来，说："马上到你们班了，快去热身准备。"

同学们看了校长一眼，还是该吃的吃，该玩的玩，根本没人理会他。校长再次让大家安静，赶紧排好队，可还是没用，这群熊孩子就是不理他。这时，国王来了。

校长突然眼睛一亮，冲国王招招手说："嘿，那个保安，你过来维持下秩序，让他们排好队。"

　　听到校长的招呼，国王上前看了眼闹哄哄的孩子们，转头给加、减、乘、除使了个眼色。四个手下立刻明白了国王的意思，马上冲到人群中。加立刻吹哨子，随即大声吼道："排队了，3秒之内没排好队的同学，罚跑500圈！"

　　这话很管用，同学们"唰"的一声排好队，生怕自己慢了。减伸长自己的手臂让队列排整齐。四人回到国王身边，敬了个礼。加开口汇报说："报告国王，列队完毕。"

　　国王满意地拍了拍加的肩膀，然后朝校长竖了个大拇指，神情无比得意，仿佛在说："连我的手下都比你强。"

　　校长脸色十分难看，但还是让自己冷静了下来，拿起喇叭准备让同学们做热身运动，但是却被国王挡住了，校长恼怒地说：

"保安，你在干什么？别给我捣乱。"

国王数完人数，似乎有些疑惑，于是便问校长说："校长，我有个问题。"

校长不耐烦地说："什么问题？"

国王把自己的疑问说了出来："罗克他们班有50名同学参加体能测试，但是只有4条跑道，那要分多少组呢？"

听完国王的问题，校长毫不掩饰地露出嫌弃的目光，阴阳怪气地说："你当初是怎么成为学校保安的，这个都不会？你不是所谓的数学荒岛国王吗？难道是因为没有数学所以叫数学荒岛？"

听完一连串的问题，国王脸一红，可很快便镇定下来，装模作样看着学生们说："我怎么可能不会，我只是想考考孩子们。罗克，对，就是你！你知道应该怎么分吗？"

罗克点点头，迅速给出了答案："50个人分配4条跑道，即50÷4=12……2，把

余下的那两个人也分成一组，加起来就是13组啦。”

国王恍然大悟，原来这么简单，自己怎么没想到把那两个人单独分成一组呢？国王装作一副欣慰的样子，满意地点点头，说："很好，罗克，你是除了我之外，数学最厉害的人了。"

校长嫌弃地推开国王，然后让学生们开始测试。全班一共分为13组，其中罗克、小强、依依、花花被分在第一组。

校长对正准备参加测试的罗克四人说："这次除了考验体能，还要宣扬互相帮助的精神，所以你们必须全部及格才行，有一个人不及格就算全组不及格。"

这个突然出现的规则，引发了大家的热议。大家纷纷表示这不公平，凭什么自己要被体能差的人连累？依依尤其不爽，盯着罗克，好像在说：如果你不及格，我就要你好看。

校长笑嘻嘻地看着大家说："总之规则就是这样，不及格就等着接受我为大家准备好的特训吧！"

说到特训，罗克几人脸色都白了。他们可不想再体验那种感觉了，于是纷纷下定决心一定要及格。

终于，一切准备妥当，体能测试即将开始。

分几组跑步

有余数除法是二年级下册的学习内容。余数的产生可以在生活中找到实例：

如上图，19瓶牛奶，按每组8瓶包装出售。剩下来的牛奶（3瓶）不够组合包装的标准（每组8瓶），那么剩下来的就是余数。

$$19 \div 8 = 2（组）\cdots\cdots 3（瓶）$$

拓展：如果三个自然数 a，b，c（$a>b>c$）同除以自然数 m（非0），所得余数相同，称作 a、b 与 c 对

于 m 同余。那么（$a-b$）、（$a-c$）、（$b-c$）都能被 m 整除。

罗克的班级有50名同学参加体能测试，但是只有4条跑道，那要分多少组呢？

方法点拨

关键点：怎么处理余数。

$$50 \div 4 = 12（组）\cdots\cdots 2（人）$$

$$12 + 1 = 13（组）$$

牛刀小试

如果某数除300、262、205都余15，那么这个数是多少？

测试的陷阱

　　测试正式开始，罗克四人沿着跑道奔跑。运动场的跑道是400米的标准跑道，按照测试的要求，他们跑完一整圈后，根据指引前往下一个区域，最后再返回运动场，十分钟内完成这些项目就算及格。

　　经过了这几天的魔鬼训练，对于罗克四人来说，跑步已经没什么挑战了，跑400米简直是小意思。罗克四人几乎是同时跑完了一圈，按照这个速度，完成所有项目连八分钟都用不到。

　　"嘻嘻，国王的训练果然有用！"罗克

开始感谢国王的训练，并暗自考虑要不要把游戏机借给国王多玩几天。

四人按照指引，跑向了教学楼，虽然不知道这样安排有什么目的，但是指示是这样，也只能照做了。此时几人都不知道，校长为了阻挠他们完成测试，早已在教学楼设置了重重陷阱。

Milk悠闲地在教学楼里嗑着瓜子，而且是隐身状态。他正在等待罗克四人的到来，以完成校长交代的任务。

Milk透过窗户看到罗克四人正在靠近，便收起瓜子认真起来，说："终于轮到我出场了！"

Milk掏出一大袋大头钉，一把撒到地面上，整个地面顿时没有了落脚之地。Milk撒完大头钉后哼着小曲，心情似乎很不错。

根据校长的计划，Milk要把测试的行进路线弄得危险重重，罗克四人看到后会害怕得不敢过去，这样他们就会不及格。如果

他们不怕，那隐身状态的Milk就在背后做手脚，至少让四人中有一人不能通过测试。这点很简单，Milk直接抱住一个人就行了。

Milk撒完钉子，悄悄躲到门后。此时，罗克四人来到了教学楼大厅，看到大厅的景象，几人大吃一惊。眼前的大厅满地是钉子，天花板上还挂着绳子，绳子上绑着汽车轮胎，这些轮胎在空中来回摇摆，用来阻止试图跳过去的人。

依依看了看满地的钉子和空中晃荡的轮胎，叹了口气说："我就知道，校长肯定不

会这么轻易让我们通过测试。"

小强畏畏缩缩地躲在依依身后，颤抖着说："打死我也不要从钉子上走过去，肯定会很痛……"

花花眉头一皱，掏出花瓣开始撕起来："过去，不过去，过去，不过去……"

罗克也有些着急，这很明显就是校长故意设置的陷阱。

罗克看着地上的钉子，认真思考起来。其实应对的方法很简单，只要找到一个扫把就行。罗克环顾四周，发现并没有扫把，于是说道："大家快看看有没有什么东西能把地上的钉子推开！"

他们开始在四周寻找有用的东西。这时，在天花板上吊着的一个轮胎突然掉在罗克面前。罗克一看，有了！就用这个轮胎把钉子推开。

就在罗克准备把轮胎挪过来的时候，突然感觉自己像是被什么人推了一把，整个人

往前走了一步，刚好踩在轮胎里。轮胎"咔嚓"一声，将罗克的脚夹住了。原来这个轮胎有机关。

依依发现罗克的情况，连忙赶过来，想帮罗克解困。

隐身的Milk掩嘴偷笑，刚刚正是他让轮胎掉下来，也是他推了罗克一把。此时Milk又掏出一个遥控器，一按按钮，依依的两侧顿时飞来两个轮胎。

"小心！"罗克连忙提醒依依，但是已经来不及了。飞来的轮胎突然张开，将依依包裹起来。就这样，依依被轮胎倒吊在空

中，随着轮胎晃来晃去。

依依大喊："啊！这是什么东西啊！快放我下去！"

看来这次校长为了对付罗克他们准备得非常充分，不仅专门给他们准备了一条测试路线，还设计出了这么多陷阱。罗克他们真的完不成测试了吗？

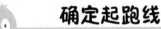

确定起跑线

我们知道：操场跑道一圈长度＝2条直道长度＋1个圆的周长。

越往外，弯道圆的直径越大，周长就越大。怎样找出相邻两条跑道的长度之差？

例 题

国王为了测试罗克、小强、花花和依依四人各自的跑步速度，于是让他们各跑一道，且不许变道。已知内圈是标准的400米跑道。国王让罗克确定各个跑道的起跑线。你知道罗克是怎样确定的吗？（圆周率取3.14）

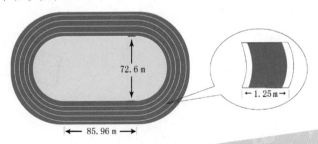

确定起跑线的目的是让每条跑道的长度一样。跑道越往外，圆形部分周长越大。确定最外围起跑线后，计算出相邻跑道的周长差，即可推算出其他跑道的起跑线。

$$2 \times 3.14 \times (r+1.25) - 2 \times 3.14 \times r$$
$$=2 \times 3.14 \times 1.25$$
$$=7.85（米）$$

确定最外圈起跑线后，相邻的内圈起跑线依次推后7.85米。

牛刀小试

　　小学生比赛的跑道宽度比成人比赛的跑道宽度要窄些，400米的跑步比赛中，跑道宽为1米。你能帮裁判计算出相邻两条跑道的起跑线应该依次提前或推后多少米吗？（圆周率取3.14）

"温暖人心" 的Milk

罗克和依依被困，小强和花花束手无策。四人陷入了困境之中，这样下去肯定完不成测试。到时校长肯定会用最恐怖的训练来搞垮他们，这样就没人能和校长争抢愿望之码了。

小强手足无措，一副要哭的样子。

花花瞪了小强一眼："冷静点，我都还没哭，你哭什么？"说完花花使劲擦了擦眼角的眼泪。

事已至此，罗克知道，单靠他们四人很难通过正常的手段完成测试了。校长这些阴

招，就算对付成年人也足够了。

罗克一边掏出手机，一边对大家说："不要急，我叫UBIQ过来。既然校长作弊在先，那我们也就不算作弊了！"

躲在一旁的Milk见罗克想要呼叫UBIQ，便想起了早上校长的再三叮嘱——如果罗克呼叫UBIQ，一定要不惜代价阻止罗克。"不惜代价！"Milk很喜欢这个词，这意味着他干什么都可以。

Milk按下遥控器，空中的依依忽然掉落，正好砸在罗克身上。罗克手上的电话脱手而出。Milk见状，快速冲了过去，只要夺走电话，罗克四人就没辙了。

罗克虽然看不见Milk，但是感觉到情况不对劲，而且手机这么一摔，肯定要出问题，于是连忙大喊："小强！花花！快接住！"

关键时候，花花把小强推了出去，说："小强，你是男孩子，快去接住！"

小强犹豫了片刻，闭着眼咬着牙冲了过去。此时隐身的Milk刚好出现在小强正前方，小强感觉自己像是撞到了什么东西，被弹了回来。而手机摔在地上发出"咔嚓"的声音，估计是碎了。

　　而Milk就不好过了，被小强这么一撞，整个人往钉子那边飞了过去。Milk落地之后在光滑的地面上滑行了一段距离，把地上的钉子推开，清出了一条通道。

　　四人来不及多想，连忙通过了这片区域。

　　而Milk在罗克四人走后，现出身来，发出杀猪一般的惨叫声。

　　他一边忍痛甩掉身上的钉子，一边庆幸自己是外星人，区区钉子对他造成不了太大伤害。

　　Milk拍了拍屁股，自言自语道："没关系，还有一关呢，这次罗克他们肯定过不了！"

Milk匆忙走了条捷径，先一步赶到了罗克几人要面对的下一个测试点。这里是一个游泳池，四周的路都被封死了。要想通过游泳池，只有两个办法，一是沿着游泳池上面的小绳子走过去，二是游过去。看起来第二个办法比较简单，但是校长早已在游泳池里放了一些带刺带电的鱼，游过去可得吃不少苦头。

Milk想到了一个绝佳办法来阻止罗克他们通过：自己隐身趴在绳子上面。如果他们打算游过去，那Milk很佩服他们，因为泳池里的鱼儿们可不是好惹的；如果他们想通过绳子爬过去，那Milk就会在罗克他们前进的过程中，将绳子剪断，到时候他们就会掉进

游泳池，一样不好受！

Milk隐身爬到绳子正中间，笑嘻嘻地等待罗克他们到来。Milk觉得，如果校长知道了自己的计策一定会为他鼓掌，说不定校长一高兴还可以帮自己修飞船呢！

罗克四人通过大厅后，又跑了一段路，终于赶到了游泳池。只见游泳池的四周已经用路障封死，只有一条细小的绳子通往对面，而游泳池里冒出的那些满身尖刺的鱼，正凶神恶煞地威胁着他们。

罗克他们首先就否决了从游泳池里游过去的办法。游过去的话，衣服湿了不说，还要被鱼追着咬。于是，大家都把目光锁定在这根绳子上。国王刚好训练了他们走绳子。

罗克带头走上了绳子，虽然走得摇摇晃晃的，却也保持了平衡，没有掉下去。小强干脆趴在绳子上爬着往前挪动。四人慢慢移动，很快就走了三分之一的距离。

Milk见状，知道时机已经成熟。这时只

要把绳子剪断，自己"光荣"的使命就完成了。于是Milk从嘴巴里掏出一把指甲钳，然后"咔嚓咔嚓"两下，就将绳子剪断了。

在绳子断开的瞬间Milk突然想到绳子剪断了，罗克他们会掉下去，那自己呢？是牺牲自己光荣地完成校长的任务，还是趁绳子还没掉下去，赶紧抓住？Milk很想选择前者，但是想想小命要紧，校长的事就当不知道吧。于是Milk在剪断绳子的一瞬间，慌忙抓住了两头断开的绳子，他的身体变成了连接两段绳子的关键一段，而此时他也保持不了隐身状态了。

绳子断裂带来的剧烈晃动，让罗克四人瞬间趴在了绳子上。好在绳子最后没掉下去，几人松了口气。接着他们便发现了在中间双手拉着绳子的Milk。

　　罗克恍然大悟："哦！我懂了，原来都是Milk在捣乱。"

　　Milk也不管这么多了，连忙大喊："罗克！你们快救我啊！我不想掉下去！"

　　罗克几人通过游泳池后，并没有打算救他。

　　Milk绝望地看着罗克他们走远，进退两难，而此时游泳池里的鱼正对他虎视眈眈……

罗克和Milk之间的距离

分数既可以表示具体的分数量，也可以表示分率。例如：这根绳子长五分之四米，表示这根绳子长0.8米；这段绳子占全长的五分之四，是不知道这段绳子的实际长度的。

例 题

Milk藏身在绳子正中间，罗克以2米/分的速度走了6米，恰好到达绳子的三分之一处，他还需多长时间才能到达绳子正中央的Milk处？

方法点拨

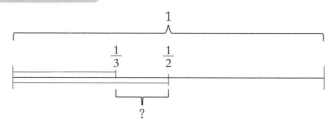

$$\frac{1}{2} - \frac{1}{3} = \frac{1}{6}$$

绳子的全长为：6×3=18（米）

Milk和罗克之间的距离：$18 \times \left(\frac{1}{2} - \frac{1}{3} \right) = 3$（米）

罗克需用时：3÷2=1.5（分）

牛刀小试

　　罗克走了三分之一的距离，如果整根绳子长9米，罗克还要走多少米才能完全通过绳子？

努力是有回报的

时间一点点过去，而罗克几人还没出现。在终点等待的校长心情一片大好，心想Milk这次干得不错，回头得奖励他一下才行。时间只剩30秒，校长脸上的笑已经完全遮掩不住了："哈哈哈哈哈！时间到了，时

间到了！这次他们肯定完不成测试！我赢了，这次是我赢了！"

而眼看时间就快到了，花花他们还没有出现，国王很是忧心忡忡。

时间一秒一秒地流逝，只有最后十秒了，校长愈加高兴，国王愈加担心。就在这时，罗克他们出现了！只见他们几人咬牙狂奔，尽管脸色已经惨白，却都没有放弃。就连花花和小强，此时也表现得异常努力。

校长大惊，眼珠子都快瞪出来了，他难以置信地失声尖叫："怎么可能？"

国王由悲转喜，大声呐喊："孩子们！冲啊！"

在国王的加油声和校长的绝望呐喊声中，罗克他们终于在最后一秒冲过了终点线。

这一次体能测试，罗克四人全部通过！

校长失魂落魄地跌倒在地，目光呆滞，口中念念有词："完了，全完了……"

罗克内心很激动，因为这份成功，是大家的努力换来的。看着朋友们开心的样子，罗克觉得过去一周的汗水很值得，努力真的是有回报的。

罗克看了眼失魂落魄的校长，突然想起一件事，便走过去告诉校长，Milk正等着他去救呢。听到Milk，校长顿时清醒了过来，罗克他们完成测试，肯定是Milk办事不力，一定要好好教训Milk才行！

听说后来校长因为被愤怒冲昏了头脑，自己也爬到绳子上，却不幸和Milk双双落水，被游泳池里的鱼刺得面目全非。Milk是外星人，影响不大，校长就没这么好运了，进医院躺了半个月。

罗克他们恢复了正常的生活。经历过之前一个星期的特训，他们终于体会到没有特训的上下学是多么开心的一件事。总之，没有了校长的捣乱，罗克他们又过上了美好而平静的生活。

逆水行舟，不进则退

罗克、小强、依依和花花知道，学习如逆水行舟，不进则退。逆水行舟也是学习中常见的"数学模型"，今天我们就来研究这类行程问题。

逆水速度=船速−水速

顺水速度=船速+水速

静水速度=（顺水速度+逆水速度）÷2

例 题

罗克在跑步，他顺风跑90米用了10秒，在同样的风速下，逆风跑70米，也要10秒。问：在无风的时候，他跑100米要用多少秒？

顺风的速度=90÷10=9（米/秒）；逆风的速度=70÷10=7（米/秒）；因为顺风速度=无风速度+风速，逆风速度=无风速度−风速，所以无风速度=（顺风速度+逆风速度）÷2=8（米/秒）。无风跑100米，需100÷8=12.5（米/秒）。

牛刀小试

校长坐船去桃花岛，这艘轮船从码头逆流而上，船在静水中每小时航行15千米，水流速度为每小时3千米。那么这艘船最多开出多远就返回，才能在7.5小时之内到原码头？

100道数学题

● **1. 作业太少，校长不高兴了**

【荒岛课堂】工程问题

【答案提示】

依依和花花的工作效率之比为5:4，依依做了2小时相当于花花做了2.5小时，花花还需2.5小时完成剩余的题目。

● **2. 决定命运的答案**

【荒岛课堂】植树问题

【答案提示】

20÷（5-1）×（10-5）=25（秒）

（可画图帮助理解）

● **3. 小强失踪了！**

【荒岛课堂】换桃核

【答案提示】

1头猪可换羊：4÷2=2（只）；1只羊可换兔子：6÷3=2（只）；5头猪可换兔子：5×2×2=20（只）。

● 4. 黑暗的街角是流浪者的栖息地

【荒岛课堂】寻找小强

【答案提示】

求两个不同时刻经过的时间，需要注意跨天的情况。跨过24:00这个时间点，分段计算，最后把时间相加。23:00—24:00，经过1小时；24:00到次日凌晨1:15，经过1小时15分钟。两段共用时2小时15分钟，即135分钟。

● 5. 一次失败的离家出走

【荒岛课堂】抛币打电话

【答案提示】

两颗骰子投掷一共有6×6=36（种）情况。

和为2、3、4、10、11、12，共有12种，概率为 $\frac{1}{3}$。

和为5、6、7、8、9，共有24种，概率为$\frac{2}{3}$。

罗克赢的概率大，所以罗克赢的可能性比依依大。

+	1	2	3	4	5	6
1	2	3	4	5	6	7
2	3	4	5	6	7	8
3	4	5	6	7	8	9
4	5	6	7	8	9	10
5	6	7	8	9	10	11
6	7	8	9	10	11	12

● 6. 敌人是100道题

【荒岛课堂】买餐具

【答案提示】

可用设值法或分率法解答。假设总工程为"1"，甲每天能完成总工程的$\frac{1}{3}$，乙每天能完成总工程的$\frac{1}{6}$，两人合作需$1 \div \left(\frac{1}{3} + \frac{1}{6}\right) = 2$（天）完成。

● 7. 校长被罚操场跑500圈

【荒岛课堂】不可能完成的500圈

圆的周长 $=2\pi r=\pi d$。此处不要被三个圆迷惑，我们设圆直径分别为d_1、d_2、d_3，总周长$=\pi$（$d_1+d_2+d_3$）$=10\pi=31.4$（厘米）。

魔鬼体能测试

● 2. 肌肉教练

【荒岛课堂】速度单位

【答案提示】

加举杠铃的速度可以说成：100次/分、约1.7次/秒或6000次/时。眨眼工夫加已经举了约2次杠铃，让人目不暇接。

● 3. 训练准备

【荒岛课堂】运动塑形

【答案提示】

$$（13\times50-60）\times\frac{40}{60}\approx393（千卡）$$

● 4. 魔鬼训练的最后一项

【荒岛课堂】空中转体

【答案提示】

酒杯的体积为 $\frac{1}{3}\pi r^2 h$。当酒的高度为酒杯的 $\frac{1}{2}$ 时，酒的高度为 $\frac{1}{2}h$，底面半径为 $\frac{1}{2}r$，可知酒的体积为酒杯体积的 $\frac{1}{8}$。此时酒为3升，所以，酒杯共可装24升，该酒杯还能装24-3=21（升）酒。

● 5. 体能测试来了

【荒岛课堂】分几组跑步

【答案提示】

300−262=38，300−205=95，262−205=57；（38，95，57）=19，所以这个数是19。

● 6. 测试的陷阱

【荒岛课堂】确定起跑线

【答案提示】

2×3.14×1=6.28（米）

7. "温暖人心"的Milk

【荒岛课堂】罗克和Milk之间的距离

【答案提示】

6米。

8. 努力是有回报的

【荒岛课堂】逆水行舟，不进则退

【答案提示】

顺水速度：15+3=18（千米/时）

逆水速度：15−3=12（千米/时）

$v_{顺水}:v_{逆水}=18:12=3:2$

行驶同样的距离，速度和时间成反比，所以

$7.5 \times \dfrac{3}{3+2}=4.5$（时）

4.5×12=54（千米）

数学知识对照表